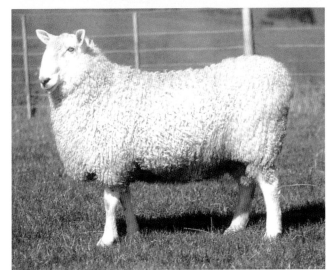

边区莱斯特羊

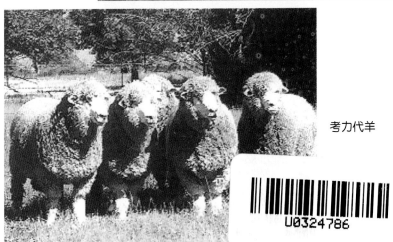

考力代羊

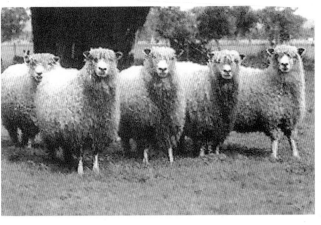

林肯羊

1

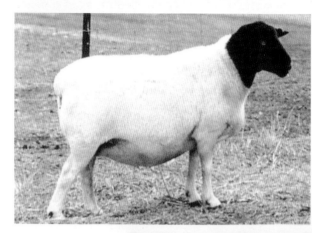

杜泊羊

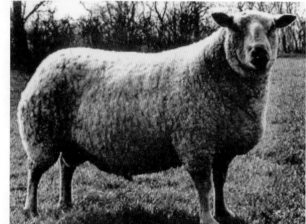

夏洛莱羊

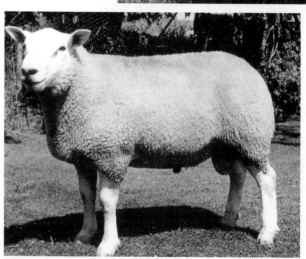

德克塞尔羊

2

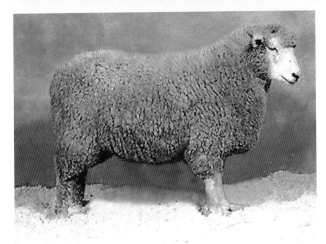

罗姆尼羊

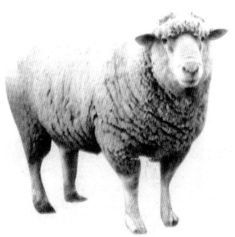

德国肉用
美利奴羊

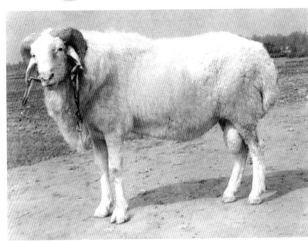

小尾寒羊

3

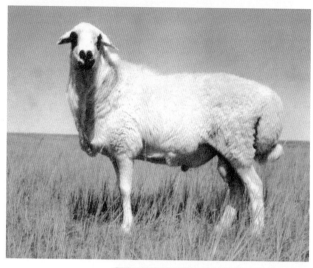

乌珠穆沁羊

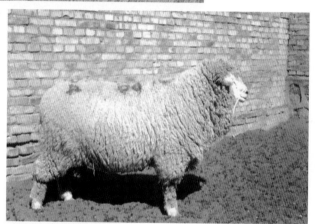

阿勒泰肉用细毛羊

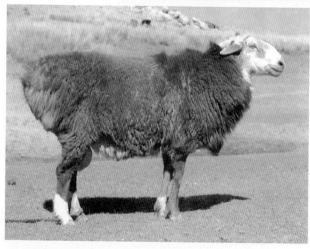

阿勒泰羊

4

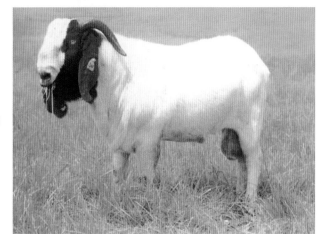

波尔山羊

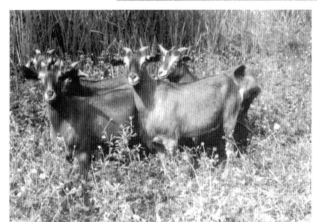

南江黄羊

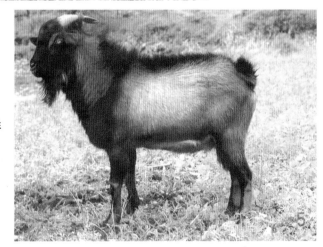

成都麻羊公羊

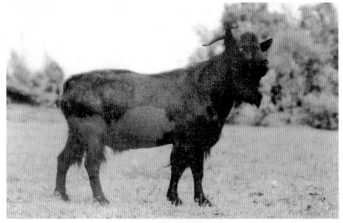

雷州山羊公羊

黄淮山羊
（张坚中供稿）

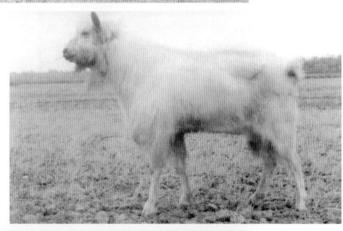

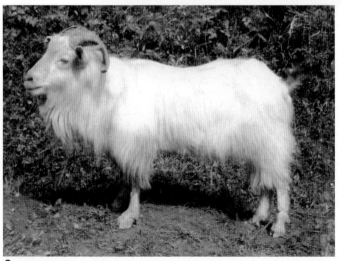

板角山羊公羊

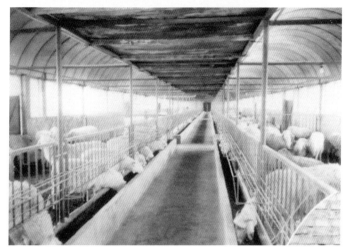

双列式羊舍
（毛杨毅供稿）

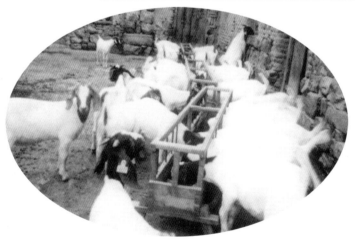

移动式羔羊补
饲槽（毛杨毅
供稿）

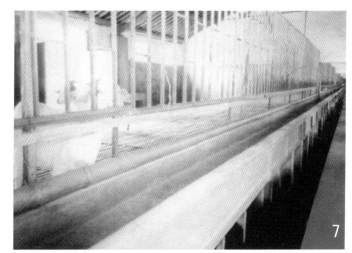

南方楼式羊舍

7

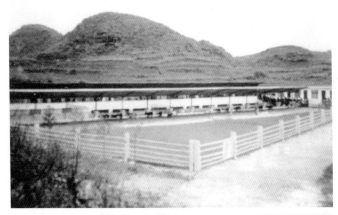

南方羊舍

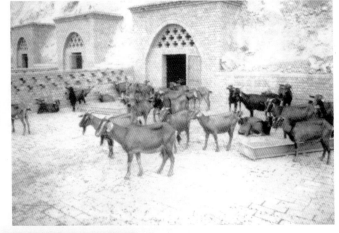

窑洞式羊舍
（毛杨毅供稿）

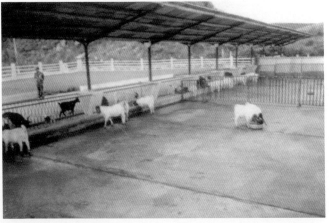

羊运动场与补
饲棚（毛杨毅
供稿）

8